INITIATION A LA PRATIQUE INDUSTRIELLE

Conduite du concassage en milieu industriel

I0489060

INITIATION A LA PRATIQUE INDUSTRIELLE

Conduite du concassage en milieu industriel

Roger Rumbu & Providence Nkonga Bantu Mwita

Edité par 2RA - Edition

ISBN-13: 978-1539919179

First Edition November 2016
Cover Design: R. K. Creative Design
Copyright: ©2016 by Roger Rumbu

Rumbu, Roger

Conduite du concassage / Authors Rumbu, Roger / Nkonga, Providence Bantu Mwita

Includes bibliographical references

ISBN 978-1539919179

First edition 2016

Crédit photo de couverture : R. K. Creative Design

Des mêmes auteurs :

Hydrométallurgie du cuivre - Grillage – Lixiviation – SX – Electro-extraction, 2RA-Publishing, Cape Town – South Africa, 2016.
ISBN: 978-0-620-64972-8

Métallurgies du Zinc et des Métaux Associés, 2RA-Publishing, Cape Town – South Africa, 2016.
ISBN : 978-1516818556

Extractive Metallurgy of Cobalt, 2RA-Publishing, Cape Town – South Africa, 2016.
ISBN : 978-1516843527

Non-ferrous Extractive Metallurgy – Industrial Practices, 2RA-Publishing, Cape Town – South Africa, 2014.
ISBN : 978-1-920600-03-7

Introduction à la métallurgie extractive des terres rares, 2RA-Publishing, Cape Town – South Africa, 2012.
ISBN : 978-1-920600-28-0

Métallurgie extractive du cobalt, 2RA-Publishing, Cape Town – South Africa, 2012.
ISBN : 978-1-920600-30-3

Métallurgie Extractive des Non-Ferreux – Pratiques Industrielles, 3rd Edition, 2RA-Publishing, Cape Town – South Africa, 2015.
ISBN : 978-1515316299

Métallurgie Extractive des Non-Ferreux – Pratiques Industrielles, 2nd Edition, 2RA-Publishing, Cape Town – South Africa, 2012.
ISBN : 978-1-920600-02-0

En préparation

Recueil d'exercices pratiques de métallurgie extractive des métaux non-ferreux.

Tables des matières

Liste des figures

Liste des tables

Préface

AVANT PROPOS

Dans la série : INITIATION A LA PRATIQUE INDUSTRIELLE, nous allons par une série de publications qui débute par ce numéro (CONDUITE DU CONCASSGAE DE MINERAIS), de donner un aperçu sur le processus industriel en se référant à un ensemble d'opérations telles que réalisées dans une usine type pour donner l'idée au futur Ingénieur en charge et technicien du métier.

Il s'agit d'un complément d'informations "classiques", des variantes peuvent être trouvées d'une usine à l'autre, mais la base est la même.

Nous pensons en effet que ce sera outiller le futur industriel à un environnement qui sera sien et qu'il abordera plus aisément et où il découvrira certains autres aspects.

Le concassage réalisé par un concasseur à mâchoires est un système simple de compréhension, mais complexe dans sa gestion étant donné le nombre d'équipements qui interviennent. De sorte qu'une anomalie sur un d'eux peut affecter l'arrêt de la production général de la section. Comparé à d'autres systèmes d'investissements différents (réduction granulométrique avec concasseur giratoire), il convient au futur homme de métier d'avoir des repères sur la section de ~~commmunition dite souvent~~ concassage ou broyage à sec.

NKONGA BANTU MWITWA Providence,
Ingénieur Civil de l'UNILU,
Département de Métallurgie, option : Procédés
Ingénieur de Production au sein d'une usine de
concentration

INTRODUCTION

Dans la croûte terrestre, les éléments recherchés sont souvent trouvés sous forme rocheuse liés à d'autres éléments, il convient donc de traiter le minerai pour pouvoir les récupérer.

Le minerai étant par définition une matière regorgeant des éléments métalliques ou non, valorisables d'une façon économiquement rentable.

Il est exceptionnel que les matières minérales, telles qu'elles sont extraites du sous-sol des mines à ciel ouvert ou des mines souterraines, soient utilisables sans préparation. Il y a donc toujours un traitement que l'on impose au minerai.

Dans le minerai, le cuivre et le cobalt à valoriser ne sont pas à l'état natif, ils sont liés chimiquement à d'autres éléments sous forme de minéraux. Ces minéraux sont dans le minerai avec la gangue (minéraux non utiles).

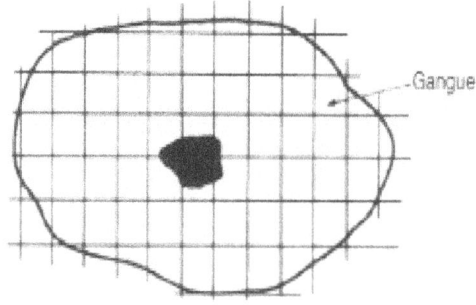

Si l'on part d'un minerai mixte ; composé

- de **sulfures** (appelés comme cela à cause de la présence du soufre dans la formule des minéraux exemple CuS : covelite, Cu_5FeS_4 : bornite Cu_2S : chalcosine, $CuFeS_2$: chalcopyrite)
- et d'**oxydes** à cause de l'oxygène dans les minéraux (Cuprite Cu_2O, Malachite : $Cu(OH)_2CO_3$ Azurite 2 $Cu(OH)_2CO_3$) et à part ce minéraux contenant l'élément recherché, il y a toujours une matière non désirée dite gangue. (Gangue dolomitique MgO, SiO_2.)

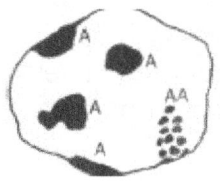

FIGURE 2 : MINERAI AVEC MINERAUX DISSEMINES ET DE DIVERSES

DIMENSIONS.

On doit donc partant du minerai considéré économiquement rentable, récupérer les éléments recherchés.

Un minerai techniquement rentable fait référence à un minerai tel qu'extrait, permet de produire des bénéfices :

Coût de production+ autres coûts < prix de revient

16

Or ces minéraux à valoriser sont toujours en petite quantité (teneur Cuivre environ 3% et teneur Cobalt environ 0,12% et disséminée dans la gangue, comme le montre la figure 1

NB : la teneur est la masse de l'élément dans l'ensemble de la matière : par exemple 3% Cuivre signifie 3Tonnes de Cuivre dans 100 tonnes ou 3xTonnage/100

Pour 600 T, on aura 3x600/100 = 18 tonnes de cuivre

$$Teneur = \frac{masse\ élément}{masse\ totale} x\ 100$$

Pour arriver à récupérer le Cuivre et le cobalt plusieurs étapes sont donc nécessaires puisqu'il faut libérer les minéraux valorisables (en noir sur la figure 2).

On voit aisément que les minéraux utiles sont aussi de diverses dimensions, si on veut les libérer complètement de la gangue

- il faut beaucoup fragmenter la masse de minerai et mettre c'est ensemble minéraux libérés / minerai à la forme voulue pour les opérations à venir (c'est l'étape de la communition ou fragmentation : concassage et broyage humide),

CONCASSAGE

La réduction dimensionnelle est faite sur le minerai :

- – Pour arriver à libérer les grains des minéraux utiles de la partie composée de gangue.
- – Pour augmenter les surfaces réactionnelles.
- – Adapter les dimensions à un procédé.

Ces opérations sont couplées avec des opérations de classification dimensionnelle, visant à soustraire les grains ayant atteints les dimensions requises.

Le concassage est la première opération mécanique dans l'étape de la ~~communition~~ fragmentation dont l'objectif est la libération des particules minérales.

Aussi appelé broyage à sec, c'est la première étape de réduction dimensionnelle après l'abatage de minerai dans la mine. Le minerai tout venant de la mine (1,3 x1,2 m) est alimenté pour produire une matière de dimension inférieure à 16,5 cm (marge ???) à la sortie du concasseur.

Le flow-sheet de principe nous donne le schéma ci-dessous.

Concassage

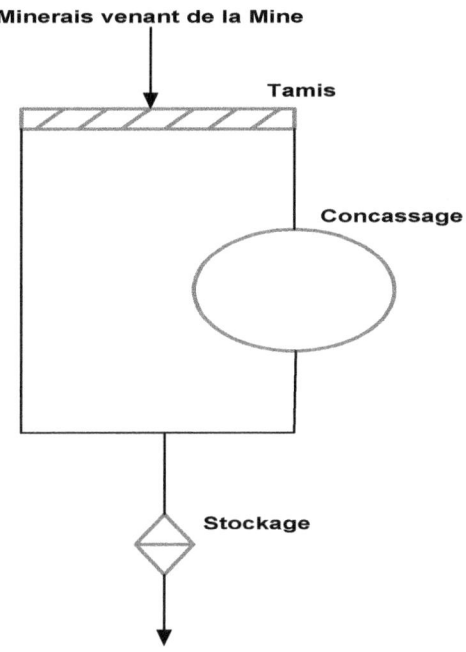

FIGURE 3 : FLOW-SHEET FONCTIONNEL.

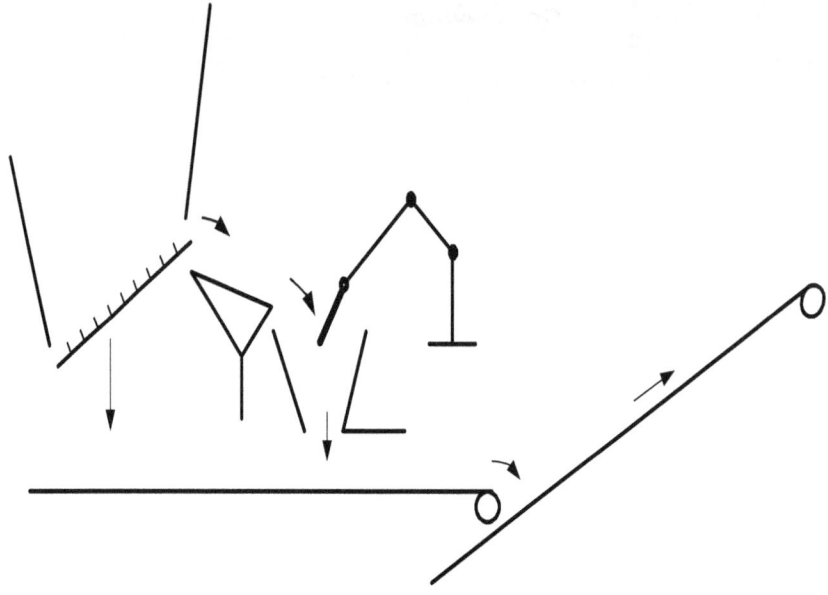

FIGURE 4 : FLOW-SHEET DESCRIPTIF.

Légende :

Le minerai est versé dans la trémie, ayant en son fond l'alimentateur à chaînes. L'alimentateur verse le tout-venant sur un tamis vibrant, lequel élimine la matière de faible dimension (inférieure à 20cm), et laisse passer le reste qui est concassé. L'ensemble de ces deux flux constitue le produit du concassage qui passe par la bande transporteuse N°1 puis sur la longue bande N°2 (en incliné) vers le stock tampon (stock pile) du broyage humide.

Un marteau piqueur est installé au-dessus du concasseur, il sert à briser des roches plus volumineuses qui se coinceraient dans le concasseur.

NB : on définit le rapport de réduction comme étant le rapport entre la dimension max des blocs que l'on peut alimenter sur la dimension max de l'ouverture des mâchoires à la sortie : 1/0,25 donne 4/1.

Flux des matières réel et disposition

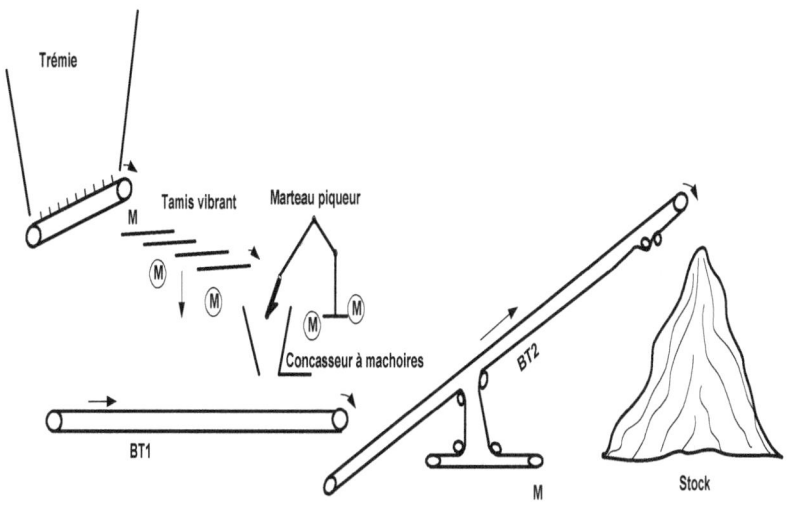

FIGURE 5 : FLOW-SHEET EN DISPOSITION REELLE.

1. <u>Détails des équipements</u>

Pour chaque équipement, nous allons donner les notions de base devant permettre la manipulation. Il s'agira de la description, le principe opératoire de l'équipement, de la gestion, de l'inspection et de la maintenance

2. <u>Trémie, alimentateur à chaîne et chaîne Ross</u>
2.1 <u>Description</u>

La trémie est faite de tôles munies de garnitures anti chocs (acier résistant), avec un fond épousant une partie de l'alimentateur à chaînes sans fin. (Capacité 750 T)

La sortie de la trémie est rétrécie de manière à canaliser le minerai vers le tamis vibrant qui est de petite dimension (1,8 x 1,2m).

L'alimentateur à chaîne (apron feeder) est placé à l'intérieur de la trémie et constitue son fond. C'est l'alimentateur qui fournit le minerai dans son mouvement. L'alimentateur à chaîne convient pour tous les types de minerai : humide et dur. Dans ce sens qu'il permet de résister aux chocs et évite le colmatage de minerais.

Il est placé selon un angle de 11° de sorte que le minerai fait une chute sur le tamis vibrant après être passé au travers de la chaîne Ross qui permet à ce que le minerai ne puisse pas se tasser.

Chaîne ROSS : la chaîne permet la régularité de l'alimentation, l'étalement du minerai et évite le colmatage sur le tamis vibrant.

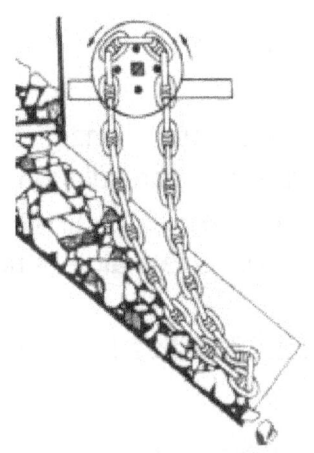

FIGURE 6 : CHAINE ROSS

2.2 Principe opératoire

L'alimentateur à chaîne.

2.3 Gestion
2.4 Inspection
2.5 Maintenance

FIGURE 7 : ALIMENTATEUR A CHAINES (APRON FEEDER).

Tableau. I.1 –.

Description	P opératoires	P de production	Contrôles sup
Chaîne	Températures inf. à 80°c palier, graissage		Vis cassées, secteurs de la chaîne
Moteur : 90 KW	Température EP200	On règle la fréquence du moteur pour varier le débit du minerai. Cette vitesse est exprimée en pourcentage	
Réducteur de vitesse	Température inf. à 80°c Niveau huile		
Système de refroidissement huile	Ventilation		
Paliers	Température Inf. 80°C, souvent moins de 40 °C		

3. Tamis vibrant
3.1 Description et Principe opératoire

Le tamis vibrant est un appareil utilisé pour faire le classement dimensionnel. Il permet d'extraire de la masse alimentée, la fraction ayant atteint les dimensions voulues. Ce qui permet d'augmenter la capacité du concasseur.

Il s'agit des barres parallèles (rails inversés) placés dans un cadre, lié à deux moteurs tournant dans les sens contraires et entraînés par deux arbres, les balourds pour accentuer le mouvement de vibration. Le cadre repose sur des ressorts. Il consiste en : un mécanisme d'alimentation (tôle épaisse plate et grille formée par des rails renversés), un mécanisme de vibration (2 moteurs électriques liés à 2 arbres et balourds attachés à l'autre extrémité et faisant

24

office d'excentrique et des ressorts) et d'une unité de commande et d'un support de la structure.

Dans certaines usines, on met en tête de l'alimentation une grille fixe au niveau de la réception (trémie), celle-ci a pour rôle de limiter le passage de roche de dimensions supérieures à l'ouverture du concasseur. Dans ce cas, il faut placer aussi un marteau piqueur à cet endroit. Dans les configurations récentes, on exige à la mine d'adapter les dimensions, sinon, on place un marteau au-dessus du concasseur. Le gros bloc qui ne passerait pas est broyé dans le concasseur en marche.

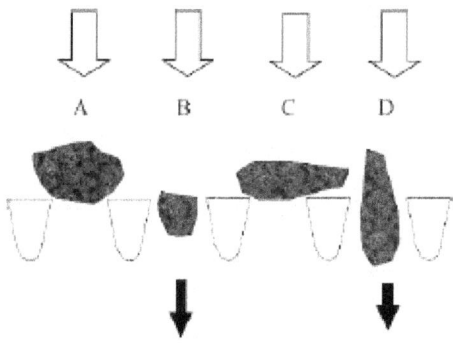

FIGURE 8 : PASSAGE DES GRAINS AU TRAVERS LES GRILLES DU TAMIS.

Grace aux vibrations, le produit alimenté est tamisé sur le crible. Les particules de moins de 100mm passent au travers des barres. Les particules plus grosses, continuent jusqu'à tomber dans le concasseur.

3.2 Gestion

Le démarrage et l'arrêt se fait en respectant l'ordre avec les appareils ou machines connexes. Après un temps plus ou moins long on vérifiera le sens de rotation des moteurs et le sens de débordement de minerai. La hauteur de vibration (ou la longueur de la course) peut être ajustée en réglant la fréquence à partir du moteur électrique.

3.3   Inspection et maintenance

- Contrôle de la structure, de la base, des ressorts.
- Contrôle du serrage des barres formant la grille.
- Contrôle et inspection des revêtements antichoc qu'il faudra remplacer si usés.
- Contrôle du remplissage des goulottes en fonctionnement.
- Précaution si on intervient à chaud de manière à ne pas endommager la bande transporteuse au fond.
- Contrôle du niveau huile.
- Contrôle des températures : arbre, moteur.
- Contrôles joints soudures et boulons.
- Il faut connaitre le cahier des erreurs et des probables points d'anomalies.

3.4   Réglage de la performance

Pour régler la performance du crible, il existe une longue procédure :

- Réglage de la fréquence (si le moteur est équipé de ce dispositif). En réglant la fréquence (vitesse des moteurs), on modifie la façon dont s'effectuera le tamisage (longueur de la course par exemple).
- Ajustement de barres.
- Ajustement de la hauteur de la course (il faut changer les balourds).
- Ajustement de la longueur de la course.
- Ajustement de l'angle d'inclinaison (il faut modifier la position des balourds).

26

3.5 Contrôle de l'angle et de la longueur de la course

On lit en fonctionnement sur la légende guide placée sur chaque tamis vibrant.

On estime les dimensions des cercles tangents et sur le rapporteur on lit la correspondance de la barre qui ne bouge pas et qui donne l'angle d'inclinaison.

3.6 Critère de performance Maintenance

Le tamis vibrant est placé avant le concasseur pour pouvoir retirer les particules ayant atteint les dimensions requises (inférieur à 10 cm).

Sur les barres formant le crible du concassage, on ne définit pas des critères particuliers. On se rassurera que les dimensions de passage corresponde toujours ou presque à 10 cm. Si non ce sont de grosses particules qui passeraient.

FIGURE 9 : TAMIS VIBRANT.

Tableau. I.2 –.

Description	P opératoires	P de production	contrôles
Longueur 1.8 x 1.2 m 2 Moteurs 15kw	Température	Fréquence	Légende : angle et longueur de la course
Arbre	T° inf. à 90°C Remplacement d'huile ou ajout en cas de baisse de niveau ou échauffement		
Ressort			Cassure
Tamis			bouchage

4. Concasseur
4.1 Description et Principe opératoire

Nous décrirons ici le cas du concasseur à mâchoires de type Blake.

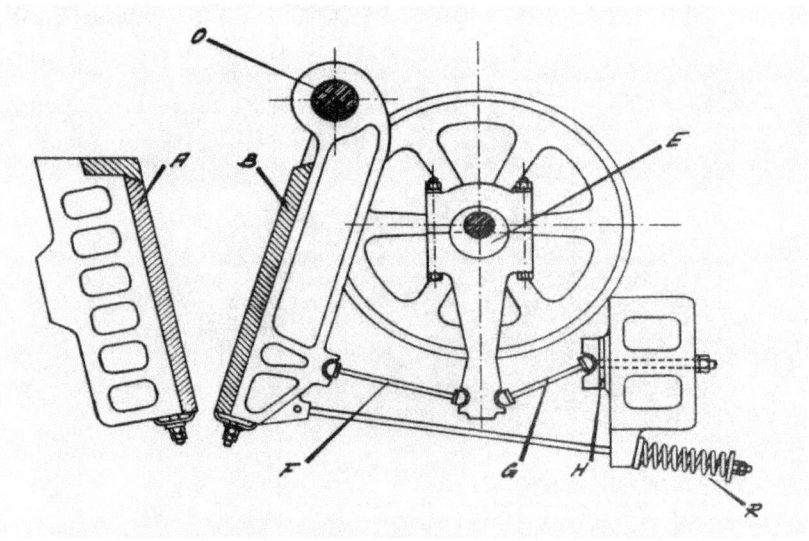

FIGURE 10 : CONCASSEUR A MACHOIRES.

Le concasseur est essentiellement constitué de :

28

- Un axe O, situé au-dessus de la mâchoire et au-dessus duquel la mâchoire est articulée.
- Des plaques d'usure A.
- D'une bielle C commandée par l'excentrique E.
- Le volet G aboutissant à la cale F dont on peut mesurer l'épaisseur.
- D'un ressort de rappel R et d'un volet F.

Une mâchoire fixe A, et l'autre B mobile, effectue un mouvement de concassage alternatif grâce à son mouvement créé par un système bielle-manivelle OEF dans sa partie de dessus. Il s'agit d'un mouvement excentrique de sorte qu'avec le ressort de rappel R, on a plus un mouvement de va et vient mais de 3 mouvements combinés :

- Un mouvement d'oscillatoire.
- Un mouvement de va et vient en translation.
- Un mouvement vertical de haut en bas.

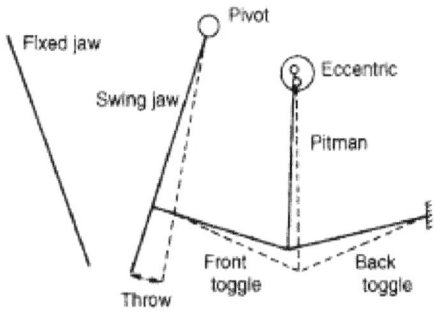

FIGURE 11 : EXCENTRIQUE ET MOUVEMENT DE LA MACHOIRE MOBILE.

On retient 3 spécificités sur cette machine :

- Dans le mouvement excentrique, le rapprochement des mâchoires nous donne la plus petite dimension des grains, l'écartement des mâchoires correspond

29

quant à lui à la dimension de la décharge nominale. On définit le rapport de réduction comme étant le rapport entre la dimension des particules les plus grandes admises par le concasseur sur la dimension qui correspond à l'écartement dans le réglage voulue (CSS max) . 1000/250 donne le rapport de 4/1

- Actuellement le réglage est à une sortie de (CSS min 16,5cm-max 250mm)
- Le déplacement horizontal est accentué en bas, ce qui permet d'avoir un grand mouvement d'écrasement.
- Le concasseur travaille en pleine puissance (et nous donne un produit régulier et bien concassé) lorsque la charge est régulière : la chambre de concassage toujours à 75% de charge (niveau de charge), dans ce cas-ci la distance entre mâchoires est pratiquement plus réduite.

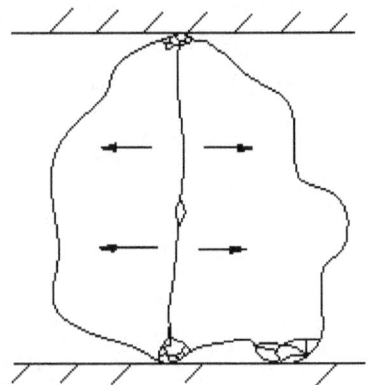

Fig. 5.3 Fracture by crushing

FIGURE 12 : FRACTURE PAR ECRASSEMENT.

30

Note

1. Les minerais sous forme de plaquettes peuvent passer en épaisseur même si les dimensions sont plus grandes en longueur et en largeur, ce qui nécessite un contrôle vigilant au SAG Mill pour éviter les éventuels bouchages.
2. La force de concassage est faible au démarrage, il faut donc attendre 1 minutes ou par expérience que le moteur atteigne le régime.

Considérant une roche de dimension 1.5x1.2m qui tombe entre les mâchoires, les mouvements combinés, à chaque nouvelle position des mâchoires permet l'écrasement de la roche par compression, attrition et par impact, jusqu'à la dimension correspondant à l'ouverture des mâchoires, alors les particules sont évacuées.

FIGURE 13 : ECRASEMENT DU MINERAI.

L'écrasement se fait la plus par du temps par compression de gros blocs. Les produits fragmentés s'échappent ensuite par l'orifice en bas à l'écartement des mâchoires.

4.2 <u>Gestion</u>

Le débit d'alimentation est lié au volume de la chambre de concassage et à la vitesse de l'arbre de l'excentrique. La consommation d'énergie est variable suivant la dureté du minerai.

Table 3 – Gestion du concassage

Modèle	CJ815
Vitesse	960tr/min
Puissance moteur	200KW

Données techniques

CSS max –min	250-165 mm
Capacité nominale	750t/h
Heure de fonctionnement	16
Max dimensions à alimenter 13.5x1.3	Inférieur à 1200mm
Work index	9-12

$$W = wi\left(\frac{10}{\sqrt{p80}} - \frac{10}{\sqrt{F80}}\right)$$

C'est l'énergie requise par tonne de minerai pour transformer 80% d'alimentation d'une certaine dimension en 80% des passants à la dimension max de sortie CSS max. si la puissance consommée est 3150kw et que l'on a produit 450t.

$$W = \frac{3150kw}{450t/h} = 7kwh/t$$

4.3   Inspection Maintenance

Dans notre usine type, c'est un concasseur à mâchoires de type Blake qui est à l'étude.

- Avant démarrage vérifier blindage et structure et qu'il n'y ait rien à l'intérieur de la chambre.
- Vérifier joints boulons et soudures.
- Vérifier qu'il n'y ait pas surcharge en fonctionnement.
- Inspecter si la lubrification automatique fonctionne sinon lubrifier manuellement.
- Contrôle température.
- Graissage et graisse sur les paliers.
- Vérifier si la graisse usée sort.
- Vérifier les courroies et dommage de la structure.

Note : Se référer au cahier des charges et instruction machines pour les anomalies et pannes

5. Goulottes

Les goulottes protègent contre la poussière à la chute et font office de canal.

Elles ont de souvent des plaques d'acier spécial antichoc. Elles possèdent de fois de chicanes pour casser la vitesse de chute lorsque la hauteur de chute est élevée.

On se rassurera qu'elles ne présentent pas des défauts qui permettent à ce que le minerai ne s'échappent.

6. Les bandes transporteuses
6.1 Description

On distingue sur une bande :

- Le tambour de tête, de queue et les tambours d'orientations.
- Les rouleaux : simples, coniques, les rouleaux guides et les rouleaux avec revêtement en caoutchouc (souvent placés aux endroits où il y a des chutes de minerai).
- La structure et la bande transporteuse en caoutchouc.

6.2 Principe opératoire, Gestion, Inspection et Maintenance

La gestion des bandes transporteuse revêt un caractère particulier surtout que le processus de démarrage et d'arrêt n'est pas géré par contrôle par ordinateur.

Les opérations suivantes sont effectuées :

- Le démarrage et l'arrêt.
- Le réglage de la rectitude.
- Le réglage de la tension.
- Le contrôle des défauts.
- Et la propreté du milieu.

6.2.1 Le démarrage

Lorsqu'on veut démarrera une bande, on se rassure :

- Qu'il n'y ait personne aux alentours de la bande ou sur la bande (des sonneries ou alarmes sont placées sur certaines bandes pour avertir avant démarrage).

- Que tous les dispositifs d'arrêt d'urgence soient en mode fermé, sinon la bande ne va pas démarrer, il s'agit du bouton d'urgence, du câble d'arrêt d'urgence...
- Qu'il n'y ait pas une pièce ou tout autre chose qui pourrait handicaper le bon fonctionnement de la bande.

6.2.2 L'arrêt

- Lorsqu'on veut arrêter la bande, on doit s'assurer :
  - o Qu'il est nécessaire ou demandé ;
  - o Que cet arrêt ne peut causer des dommages sur la bande si l'alimentation sur la bande continuait (d'où la nécessité de communiquer avec les autres opérateurs en amont et en aval).

6.2.3 Les problèmes à régler

Les problèmes à gérer sur les bandes transporteuses sont divers et multiples et diffèrent des conditions d'utilisation. La pratique permet en effet la maîtrise de la gestion de la bande.

A l'arrêt, il faut verrouiller la bande pour remplacer les rouleaux défectueux, faire le contrôle des joints, faire les réparations diverses.

En fonctionnement, il faut se rassurer de la rectitude de la bande, du contrôle du raclage et de son réglage, des contrôles de routines de la température et de l'ampérage.

Il faut aussi maintenir en parfait état de propreté les abords de la bande.

Appliquer les consignes et instructions notamment le graissage, la détection du bruit anormal, les détériorations de la bande, le dévissage de la structure.

Bande transporteuse 1

FIGURE 14 : BANDE 1.

FIGURE 15 : BANDE 1 ET DISPOSITIF DE PROTECTION.

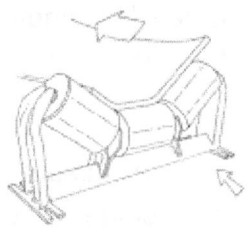

FIGURE 16 : REGLAGE DE LA BANDE ET DEPORTATION.

On règle la bande comme suit :

Grace aux rouleaux guide : on peut régler soit par le haut ou soit par le bas.

Pour une bande qui va trop à gauche, en haut on poussera le rouleau guide de manière à ce que la partie droite du rouleau soit désaxé vers le bas par rapport à la partie droite.

La même chose est faite pour les rouleaux guides qui sont en bas en suivant le sens de mouvement de la bande.

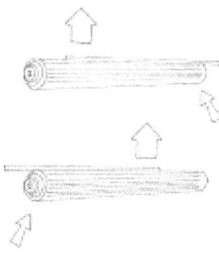

FIGURE 17 : DEPORTATION DE LA BANDE ET REGLAGE.

Table 4 – Gestion du transporteur à bande.

Description	P opératoires	P de production	Contrôles
L ;40m l : 1,4m			
P 55KW			
Vitesse : 1,5m		Elle s'adapte au tonnage malgré la consigne	
	Rectitude de la bande		
Pallier			
Moteur 250kw	T°inf 80		
Réducteur	Lub EP 220		
Paliers	T°		
Contre poids	Tension		
Balance	Correction		

- Bande transporteuse 2

FIGURE 18 : BANDE TRANSPORTEUSE 2.

Note

Pour diminuer les coûts de production, un contrôle automatique a été mis sur le circuit.

- Il s'agit notamment des capteurs de certains paramètres : détecteurs des défauts (lubrification), capteur de niveau, alarmes de niveau de régulation
- Capteur niveau trémie, concasseur
- Détecteur de vitesse des bandes, de l'apron feeder.
- Balance et capteur sur balance (surcharge : clignotant) capteurs de puissance consommées.
- Dispositif d'urgence : câble d'arrêt d'urgence, boutons d'urgence sur chaque équipement….

L'instrumentation sur le concassage permet de diminuer le coût des opérations, bien qu'elle soit basique, elle permet néanmoins de protéger les machines.

On note cependant que l'homme a sa part de contrôle : bruit anormal, boulons, casses, bande qui coince, bande qui touche aux trafics lines???, l'encrassement du tablier du transporteur.

7. **Paramètres de performances**

Si on veut rendre performant le concasseur : l'utiliser aux max de sa puissance (de préférence avec un rendement supérieur à 80%) il convient de l'utiliser à 75% de sa charge. Qu'il soit toujours rempli à 75%. Pour y arriver, on agit sur :

- Débit d'alimentation (vitesse du tablier - apron feeder).
- Ouverture du concasseur (à la sortie) : ceci est limité par la dimension pour les opérations ultérieures.
- Dimension d'alimentation et régularité de l'alimentation.

7.1   Contrôle de la production
7.1.1 Le tonnage

Une balance installée sur la bande N°2 permet de savoir à partir des cumuls : tonnage au temps y – tonnage au temps x.

On prend à 12h00 :123 454t

A 17h00 : 127 454 t

$$Tonnage = 127\,454\,t - 123\,454 = 4\,000\,t\ en\ 5\ heures$$

La différence donne 4 000t soit 800t/h

Variation de la fréquence du moteur

Cette variation est convertie en des valeurs exprimées en pourcentage : 10, 15, 38….%

Suivant le tonnage voulu, on réglera pour une période donnée cette fréquence.

Les autres paramètres à contrôler sont :

7.1.2 L'humidité
7.1.3 Les heures de service HS
7.1.4 La productivité
7.1.5 La disponibilité
7.1.6 Les paramètres technico économiques liés à l'entretien
7.2 Répartition de la charge :

- Trop des fines dans le minerai causeront des bouchages ou de ralentissement au niveau du tamis vibrant surtout si le minerai est en plus humide. Ce qui diminuera le tonnage.
- Des gros blocs seuls quant à eux remplissent la trémie et leur mouvement plutôt lent diminuera le tonnage de passage.
- Un bon mélange de la charge avec des fines et des grossiers permettra d'avoir de bons tonnage pour une même vitesse ou une même fréquence.

1. Etalement de la charge dans la trémie ou gestion de la production

Dans la trémie trois situations peuvent se présenter distinctement.

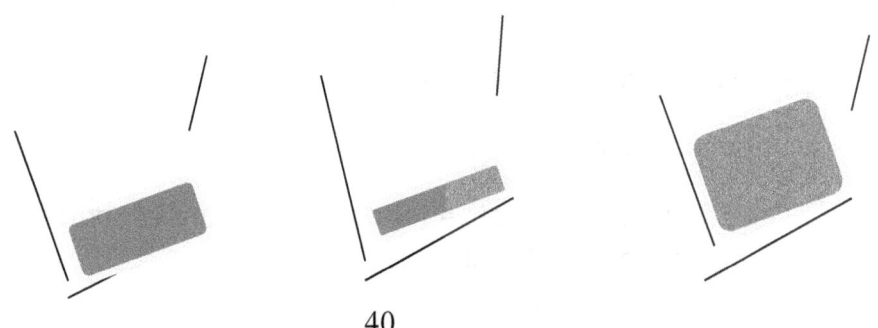

FIGURE 19 : ETALEMENT DE LA CHARGE DANS LA TREMIE.

Si la charge dans la trémie est un cas :

- 1 : on aura un certain tonnage.
- 2 : le tonnage sera plus faible.
- 3 : le tonnage sera élevé.

On corrige ceci en laissant chargée, la trémie et en l'utilisant toujours chargée sans jamais permettre à ce que le niveau soit bas.

Pour suivre le tonnage, bien évidement on se rapporte aux cumuls sur la balance placée sur la bande N°2

7.3 Réglage niveau dans la trémie

Des barres sont placées dans la trémie liant les deux côtés. Une barre donne le minimum de la charge et l'autre le maximum à ne pas dépasser pour ne pas surcharger le moteur de l'alimentateur.

8. Démarrage et arrêt

Mode simple : BT2-BT1-CONCASSEUR- TAMIS VIBRANT-ALIMENTATEUR A CHAÎNES

Arrêt : inverse du démarrage

Urgences :

- arrêt BT1 : du coup l'alimentateur s'arrête et peut être même le tamis vibrant

41

- Corde d'urgence
- Bouton d'urgence : ceci n'est pas préférable seulement en cas de vie exposée. Pour éviter que le concasseur soit plein à l'arrêt

Arrêt de l'alimentateur et du tamis vibrant : si une roche bloque le passage dans la chambre de concassage. On utilise alors le marteau-piqueur dans le concasseur qui fonctionne toujours ????.

Spécificités de démarrage :

Concasseur : mise sous tension, actualisation, alors permission de démarrage en mode local. On le démarre BT1, puis le concasseur et on attend une minute le temps que le moteur du concasseur atteigne le régime.

9. Contrôles de routine de la section de concassage

Alimentateur à chaînes

- Vis au tambour de tête.
- Température des paliers.
- Vérification de l'état fonctionnel ou non du circuit de refroidissement de l'huile du réducteur.
- Si anomalie lubrification et contrôle par les électriciens ou mécaniciens.

Tamis vibrant

- Température palier et arbre de transmission.
- Niveau huile à partir de l'œil si faible ajout.

Concasseur à mâchoires

- Température.
- Lubrification automatique (graisse lourde).

42

- Etat interne (pad de charge dans le concasseur au démarrage).

Bande 1 et 2

- Température des paliers.
- Etat de la bande.
- Racleurs fonctionnelles et bien fixés goulottes non percées.
- Trafic line et corde d'arrêt d'urgence.
- Rectitude des bandes.
- Tension dans la bande (contre poids).

Contrôle général

Boulons dévissés

Points manquant de vis

Structure abimée

Localisation des défauts

Anomalie de bruit

Fréquence de graissage et d'ajout d'huile dans le réducteur et dans l'arbre de transmission du tamis vibrant

Index

Références

2RA - PUBLISHING

Sandton, R.S.A.

November 2016

ISBN: 978-1539919179

Email: edition@2ra-company.com

www.ingramcontent.com/pod-product-compliance
Lightning Source LLC
Chambersburg PA
CBHW061229180526
45170CB00003B/1216